U0553355

金装典藏版

童眼识天下
TONGYAN SHI TIANXIA

超级武器

韩雪 编

 机械工业出版社
CHINA MACHINE PRESS

目 录

第三章

坦克与装甲车

第四章

军用飞机

第五章

军用舰艇

第六章

导弹

第一章

枪械

意大利伯莱塔 M9 半自动手枪

该手枪结构坚固，并具有出色的射击精度和性能。采用半自动射击方式，每次扣动扳机只发射一发子弹。该手枪1985年起由意大利伯莱塔公司生产，曾被美国军队选用为制式手枪，并在多个国家的军警部队中广泛使用。

中国 QSZ92 式 半自动手枪

该手枪是我国自主研发的9毫米口径手枪，其结构紧凑，手感舒适，便于操控。它的射击方式为半自动，性能稳定且射击精度较高。经过多年改进，该手枪已经成为我国兵器工业的骄傲，也展现出我国在兵器制造领域的实力。

俄罗斯MP443半自动手枪

该手枪不仅是俄罗斯军队采用较多的制式手枪，还是俄罗斯特种部队的首选装备。它由特殊的合成材料制造，拥有很强的可靠性，即使在恶劣环境下也能稳定工作。历史上，它在不少战争和局部冲突中表现都很出色。

美国柯尔特M1911半自动手枪

该手枪是世界上装备时间最长、装备数量最多的手枪之一。它是由美国人约翰·摩西·勃朗宁设计的，具有射击威力大、命中精度高的特点，因此长期被美国军队和警察部门使用，并伴随美国军队参加了各种战争。

德国 HK MP7 冲锋枪

　　该枪是由德国黑克勒和科赫责任有限公司开发的一种重量轻、威力大的近战武器。它具有非常强的穿透能力，可以轻易穿透许多普通防弹衣。由于其卓越的性能和可靠性，因此被多国特种部队和特警部队使用。

中国 QCW05 式 冲锋枪

　　此枪是我国自主研发的一款近战武器，专为我国军队和特种部队设计。其使用的 5.8 毫米子弹为我国独有。无托结构使得该枪在保持长枪管的同时，整体长度却相对短小，这有助于在城市巷战和近战中更为灵活地使用。

俄罗斯PP2000冲锋枪

该枪为近战和特种任务设计，其特点是小巧、轻便，并具有强大火力。它采用9毫米子弹，结合简单反冲操作机制，从而使其不仅结构紧凑，平衡性也非常好，使得操作者在紧急情况下可以迅速、准确地射击。

美国M11型冲锋枪

此枪于20世纪70年代初开始生产，被多个国家的军队和警察部门选用。它采用的是常见的9毫米子弹。然而，使其在军火市场上脱颖而出的是它那令人震惊的射速，在近战中非常具有优势，可以在短时间内射出大量子弹。

德国 HK 416 突击步枪

　　该枪是由德国黑克勒和科赫责任有限公司开发的一种突击步枪，因其卓越的性能和可靠性而广受赞誉。短行程气体活塞系统确保了它在恶劣环境下的稳定性，因此被世界各国的精英部队所使用，如美国海豹突击队等。

中国 QBZ-191 式 突击步枪

　　此枪是一款我国自主研发的突击步枪。它采用了短行程气体活塞系统，提供了出色的命中率和杀伤力，增加了使用者在战场上的生存能力。目前，该突击步枪已经成为中国人民解放军与中国人民武装警察部队的制式步枪。

俄罗斯 AK12 突击步枪

此突击步枪是 AK 系列步枪的最新版本，是俄罗斯陆军装备的 AK-74 步枪的改进型。它继承了 AK 系列步枪的可靠和耐用特点。同时，通过改进的人体工程学、模块化，以及新的火控系统，使得它更符合现代战争的需求。

美国 M16 突击步枪

此突击步枪于越南战争时期首次亮相。与美军先前使用的步枪有所不同，它采用了直接导推式的气动方式和 5.56 毫米子弹。又由于采用了轻量化设计，携带与保养都更方便。此突击步枪凭借以上优点而被许多国家的军队使用。

英国 AW 系列狙击步枪

这是一款由英国制造的狙击步枪，特别为寒冷环境做了相应的设计，以保证准确性和可靠性。绿色聚合物枪托和枪栓操作方式是它与其他狙击步枪的不同之处。因在各种实战中的优异战绩而使其在狙击手中获得了较高的评价。

美国巴雷特 M95 狙击步枪

此狙击步枪使用大口径子弹，以确保远距离的精准度和强大的火力。它是为美国特种部队设计的，主要用于攻击车辆或从远距离攻击敌方的火力点，比如停机坪上的战斗机、盘旋的直升机、轻型装甲车辆等。

俄罗斯 NSV 重机枪

该机枪于 20 世纪 60 至 20 世纪 70 年代开发、生产，以结构简单、可靠而著称。采用气动操作和开放式枪栓，并使用大口径子弹，使其在战场上的存在感非常强，经常被安装在不同车辆和防御工事上使用。

比利时 FN Minimi 机枪

这款轻机枪由比利时的 FN 赫斯塔尔公司研发。它的总重量只有 7.1 千克，而且体积不大，可靠性比较高。同时，由于其采用了模块化设计，能够快速更换枪管，比其他机枪具有更好的战场适应性，因此非常适合普通连队使用。

13

美国 M134 加特林速射机枪

该机枪由多个旋转式枪管组成，每个枪管都能独立发射子弹，从而实现快速地连续射击。此外，它还具备较低的后坐力和较高的精准度。因此，该机枪被广泛用于直升机和装甲车等载具上，为地面部队提供火力支援。

美国 M2 勃朗宁重机枪

此机枪由美国人约翰·摩西·勃朗宁设计，并于 1932 年开始服役。它的最大射程可达 2500 米，每分钟可发射 550~650 发子弹，这使其在对付地面和空中目标时都能表现出强大的火力。目前，此机枪广泛使用于世界各国军队。

第二章

现代火炮
与火箭炮

美国 M224 式 60 毫米迫击炮

M224 式 60 毫米迫击炮是一种轻便的、便于携带的步兵武器。其重量约为 21 千克，射程约为 3500 米。该迫击炮 20 世纪 70 年代开始在美国军队服役，随后便迅速成为地面部队不可或缺的火力支援武器。

M224 式 60 毫米迫击炮可以发射多种不同的弹药，以满足不同的战术需求。此外，它还可以调整推进炮筒内的火药量，并根据战场情况的需要来发射不同射程的炮弹。

中国 PP93 式 60 毫米迫击炮

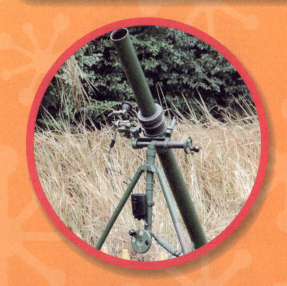

PP93 式 60 毫米迫击炮是我国军工企业在 20 世纪 90 年代研制的一种迫击炮。

PP93 式 60 毫米迫击炮由炮管、炮座、瞄准具和底座等部分组成，结构非常简单，重量也仅有约 20 千克。士兵在各种战斗情况下，该迫击炮都可以随时快速组装、拆解以及转移，进而在短时间内连续进行火力支援和压制。同时，该迫击炮与先进的瞄准具组合后，不仅缩短了瞄准时间，还使其获得了出色的精确性和稳定性，是现代战场中不可或缺的武器之一。

17

法国 2R2M 式 120 毫米自行迫击炮

　　2R2M 式 120 毫米自行迫击炮体现了法国军事工业的较高水准。该迫击炮的 120 毫米口径为其提供了更远的射程和更强的火力，可对坚固的敌方工事和移动目标进行攻击。

　　2R2M 式 120 毫米自行迫击炮的另一大特点是可以安装在车辆上，以确保其在各种地形上都能快速移动。此外，数字化的火控系统大大提高了射击精度，使其成为现代地面作战中不可或缺的重要装备。

　　2R2M 式 120 毫米自行迫击炮不仅在法国军队中得到广泛使用，还出口到了其他国家，并在各种战事中为地面部队提供火力支援和压制的能力。

瑞典 AMOS 120 毫米双管自行迫击炮

AMOS 120 毫米双管自行迫击炮是在 21 世纪初，由瑞典和芬兰共同研制的，是世界上第一种正式列装的炮塔多联装式自行迫击炮。其独具开创性的双管设计，可以减少射击的时间间隔，进而实现快速射击，能在 15 秒内发射 6 发炮弹，使其在持续的战斗中占有优势。目前，该自行迫击炮有履带式和轮式两个版本，均可以在战场上迅速进行战术移动。

俄罗斯 D-30 牵引式榴弹炮

D-30牵引式榴弹炮由苏联彼得洛夫设计局开发，第九兵工厂制造，1963年开始服役。虽然该榴弹炮主要设计用于间接火力支援，但其多功能性也允许直接射击，使其能适应各种战斗场景。此榴弹炮参加过越南战争、第四次中东战争、海湾战争等，多用于近距离直接火力支援。

D-30牵引式榴弹炮的口径为122毫米，具有结构紧凑、操作方便、射程远、造价低廉等特点，综合性能处于同时代武器的先进水平，因此受到许多国家军队的青睐。

美国 M777 牵引式榴弹炮

M777 牵引式榴弹炮全重只有 3.7 吨，比同样口径的 M198 牵引式榴弹炮轻了 3 吨多，所有 2.5 吨级的卡车都可以轻易地牵引它。

另外，M777 牵引式榴弹炮操作简单，反应迅速。虽然一个 M777 炮班编制为 8 人，但只要 5 人就可以在 2 分钟内完成射击准备。在 2003 年伊拉克巴士拉战役中，它表现出色，令老式的 M198 牵引式榴弹炮自愧不如。

这款 155 毫米口径的榴弹炮是由瑞典博福斯公司研制的，并在 20 世纪 70 年代末到 20 世纪 80 年代初，因其射程、机动性和火力的完美结合而广受赞誉。

此榴弹炮独特的自动装弹系统搭配了先进的火控系统，不仅大大提高了射速和射击准确度，还降低了操作人员的操作强度。

瑞典 FH77 牵引式榴弹炮

美国 M109 自行榴弹炮

M109 自行榴弹炮是一种重型自行火炮，被广泛装备于美国陆军和许多北约成员国。该炮配备了 155 毫米火炮，不仅具有较高的精确度，最大射程也可达 18000~24000 米。

M109 自行榴弹炮不仅具有多样化和灵活的性能特点，还具有射程远、精确高以及反应快的能力，可以在短时间内发起炮击并快速转移位置。此外，它还具有较好的自我保护能力。

M109 自行榴弹炮开发于 20 世纪 50 年代，首批生产车型于 1962 年完成。在过去的几十年里，其经历了多次升级和改进，以适应现代战争的需要。其出口到 30 多个国家和地区，是目前世界上生产数量最多、装备国家最多以及服役时间最长的自行火炮。

PZH-2000 自行榴弹炮自从在 21 世纪初亮相之后，便被誉为全球最先进的自行榴弹炮之一。此炮的口径为 155 毫米，并配有自动装弹系统，能够快速且持续地射击。

同时，先进的火控和瞄准系统确保了该榴弹炮在远距离射击上的高精确度。其装甲底盘为操作员提供了多方面的保护，而出色的机动能力则意味着它可以在战场上迅速移动。

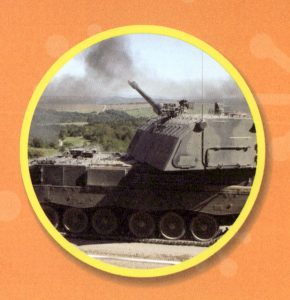

德国 PZH-2000 自行榴弹炮

俄罗斯 2S35 自行榴弹炮

2S35 自行榴弹炮通常被大家称为"联盟"-SV 自行榴弹炮。2015 年，它在俄罗斯纪念卫国战争胜利 70 周年的阅兵式上公开亮相。

2S35 自行榴弹炮采用了无人炮塔，并配有一个全自动弹药搬运装卸系统，不仅将战斗人员减少到 2 人，还大幅度提高了射击速度和战斗反应速度，每分钟大约可进行 16 次射击。

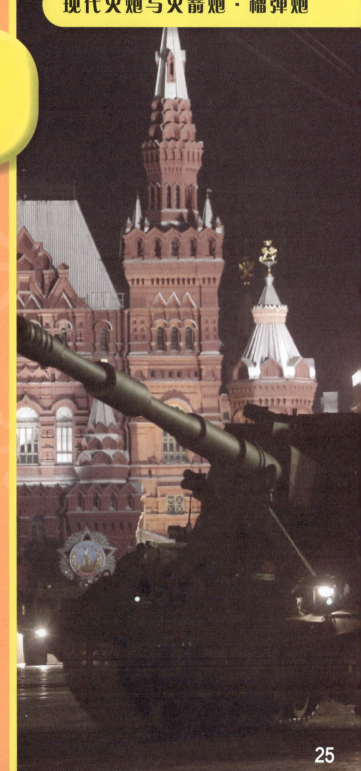

PLZ-05 式自行榴弹炮是中国北方工业有限公司研制的一款现代化自行榴弹炮，于 2005 年定型并列装部队。

PLZ-05 式自行榴弹炮装备有先进的自动火控系统、自动导航定位定向系统以及车辆运动传感器。其炮塔上配备了 1 门口径为 155 毫米的线膛炮，并配有全自动炮弹装填系统和弹药管理系统。其最大射程达到 53 千米，最大射速超过每分钟 8 发。

中国 PLZ-05 式自行榴弹炮

日本 99 式 自行榴弹炮

　　99 式自行榴弹炮是日本防卫厅委托小松制作所和三菱重工联合研制的 155 毫米履带式自行榴弹炮。2001 年开始逐渐取代现已过时的 75 式自行榴弹炮，成为日本陆上自卫队炮兵的主要装备。

　　99 式自行榴弹炮与世界其他主流自行榴弹炮一样，也装备了自动炮弹装填系统，以及高度自动化的火控系统。

美国 M142
自行火箭炮

M142 自行火箭炮通常被称为"海玛斯"自行火箭炮，它是一款由美国洛克希德·马丁公司研制的轮式 6 管自行火箭炮。

M142 自行火箭炮是在 M270 自行火箭炮发射系统的基础上研制的更轻型、更易部署的轮式发射车版本。其火箭弹射程约为 42 千米，若发射 ATACMS 战术导弹，射程则可达 300 千米。其可以通过 C-130 运输机迅速部署到全球各热点地区。

M142 自行火箭炮在 1993 年开始研制，2005 年批量制造并列装美国陆军和海军陆战队。

美国 M270 自行火箭炮

M270 自行火箭炮由美国、英国、意大利、德国以及法国联合研发，由美国洛克希德·马丁公司生产。

M270 自行火箭炮是一款具有变革性的火箭炮系统，它将机动性、射程以及强大的火力相结合，重新定义了现代战争的模式。它与 M142 自行火箭炮一样，可以发射普通火箭弹，也可以发射 ATACMS 战术导弹。每辆 M270 自行火箭炮可携带 12 枚火箭弹或 2 枚 ATACMS 战术导弹。

在 1991 年爆发的海湾战争中，M270 自行火箭炮取得了非常出色的战绩，配合前线部队摧毁了大量的伊拉克装甲部队。

29

PHL-191 型远程火箭炮是中国人民解放军陆军当前最先进的远程打击武器之一。此火箭炮采用模块化设计，可以方便地更换发射箱，便于快速切换不同的弹药配置，以满足多变的战场需求。再加上先进的目标定位系统和自动装填系统，此火箭炮可谓是技术与火力的完美结合。

该火箭炮使用 300 毫米火箭弹时，射程可超过 150 千米；如果换装更大口径的火箭弹，射程可以轻松达到 300~400 千米。

中国 PHL-191 型远程火箭炮

BM-30"龙卷风"式火箭炮是重型多管火箭发射器中的代表。由于它具有出众的射程和强大的齐射能力，曾被誉为世界上综合水平最强的火箭炮。

此火箭炮可以一次齐射12枚300毫米口径的火箭弹，使火力覆盖大面积区域。它还可以使用带有不同弹头的火箭弹，如集束弹、温压弹以及云爆弹等，用来摧毁堡垒、阵地、防空和装甲编队。

俄罗斯BM-30"龙卷风"式火箭炮

MK45 舰炮是目前美国海军武器库中最主要的舰炮系统。20 世纪 70 年代，此舰炮开始装备美国海军的舰艇。得益于先进的火控系统和计算机辅助控制系统，MK45 舰炮拥有较快的射速和较高的准确度，能够对距离超过 30 千米的目标，进行每分钟 20 发射速的精确打击。

多年来，MK45 舰炮经过了一系列的升级，延长了炮管的使用寿命并优化了弹药装填系统，以确保其在现代海战中的领先水平。

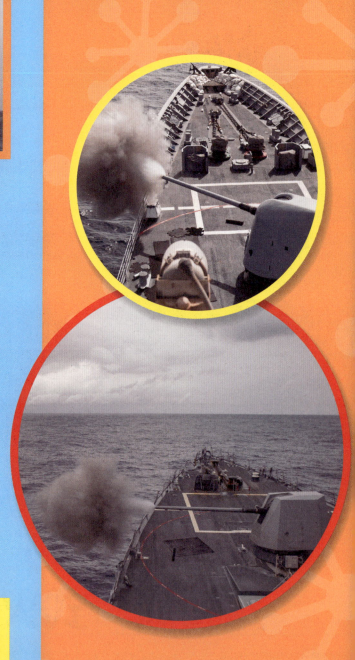

美国 MK45 舰炮

第三章
坦克与装甲车

德国"豹"2 主战坦克

"豹"2 主战坦克从 20 世纪 70 年代到 21 世纪初，一直牢牢占据着主战坦克排行榜第一的位置。

"豹"2 主战坦克是火力、防御力以及机动力三大要素都能兼顾的主战坦克。其配备的 120 毫米滑膛炮，可以击穿 900 毫米的均质钢装甲。

"豹"2 主战坦克的车体前端和炮塔处采用了先进的复合装甲，中远距离上足以抵御 125 毫米坦克炮的打击。

由于德国在发动机制造领域的世界领先地位，使得"豹"2 主战坦克的行驶速度、操控灵敏度以及驾驶舒适度等方面有了可靠的保证。

英国"挑战者"2主战坦克

　　"挑战者"2主战坦克由一台26.6升涡轮增压V12柴油发动机驱动，最高行驶速度可达56千米/小时。单次加油的行驶距离约为450千米。

　　"挑战者"2主战坦克使用的一种特殊复合装甲，被认为是全世界最强大的装甲之一。这种装甲为其提供了对各种反坦克武器的保护。

　　"挑战者"2主战坦克配备了1门120毫米的膛线炮，可以发射各种弹药，包括最新的尾翼稳定脱壳穿甲弹。

　　"挑战者"2主战坦克于1998年开始在英国军队中服役，曾在伊拉克等地进行过战斗。

法国"勒克莱尔"主战坦克

"勒克莱尔"主战坦克从20世纪90年代中期开始在法国军队服役，而后便迅速成为法国陆军的核心装甲战车。它接受过数次升级和改进，以维持其在现代战场上的竞争力。该型主战坦克已出口至全世界多个国家。

"勒克莱尔"主战坦克的模块化复合装甲可根据不同任务需求进行调整，使其能够应付多种战场威胁。其主炮为120毫米滑膛炮，然而其最为独特之处在于它配备了尾舱式炮弹自动装填系统，最大射速可达每分钟12发，是世界上射速最快的主战坦克。

作为 90 式主战坦克的后继者，10 式主战坦克于 2012 年加入日本陆上自卫队。它代表了日本装甲车辆技术的顶尖水平。

10 式主战坦克以其先进的模块化陶瓷复合装甲而著称，即可以根据战斗任务特点进行调整，从而使坦克能够适应不同等级的危险环境。

日本 10 式主战坦克

美国 M1 "艾布拉姆斯" 主战坦克

M1 "艾布拉姆斯"主战坦克是世界上第一种装备了大功率柴油发动机的坦克，也是最早加装贫铀装甲的第三代坦克，还是最早加装信息化火控系统的坦克。

M1 "艾布拉姆斯"主战坦克在装备部队后，很快便以其机动性强、射击精准、火力强悍等优势，成为全球最佳主战坦克之一。海湾战争中，一辆 M1 "艾布拉姆斯"主战坦克在2000 米距离上用一枚穿甲弹连续击穿了两辆 T-72 坦克。战争结束后，美军一共击毁了 1300 多辆伊军坦克，而美军出动的 M1 "艾布拉姆斯"主战坦克只损失了 9 辆。

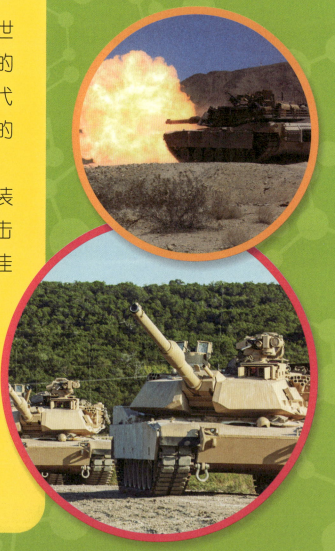

中国 ZTZ-99 式主战坦克

　　ZTZ-99 式主战坦克是我国陆军新一代主战坦克，曾经出现在 1999 年国庆阅兵方阵中。

　　ZTZ-99 式主战坦克配备的 125 毫米滑膛炮，可以在 2000 米距离上击穿 850 毫米均质钢装甲。此主战坦克装备了一台大功率柴油发动机，从停车状态加速到 42 千米/小时只需 10 秒。

以色列"梅卡瓦"主战坦克

　　以色列生产的"梅卡瓦"主战坦克，做出了两项重大变革，即动力舱前置和楔形化炮塔，这样可以极大保护士兵的安全。

　　"梅卡瓦"主战坦克的新型号换装了 120 毫米滑膛炮，发射的穿甲弹可以在 2000 米距离上击穿 700 毫米的均质钢装甲。在 1982 年爆发的第五次中东战争中，"梅卡瓦"主战坦克击毁了很多 T-55、T-62 以及 T-72 坦克。

俄罗斯T-90主战坦克

T-90坦克是俄罗斯研制的一种新型主战坦克。炮塔是T-72坦克炮塔的改进型，提高了防御能力。T-90坦克装备的夜视系统在夜间最大有效视距可达近4千米。同时，其表面涂有防探测涂层，可以大大降低被发现的几率。

海湾战争中，T-72坦克的火炮不能击穿美方坦克，为了避免类似情况的发生，T-90坦克安装了125毫米滑膛炮，最大破甲厚度超过1000毫米，最大射程提高到了6000米。

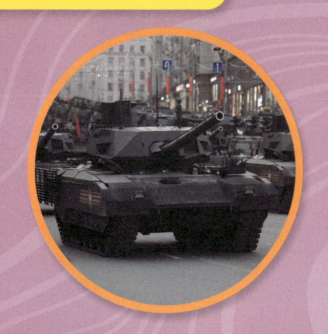

2015年，T-14"阿玛塔"主战坦克在莫斯科的胜利日阅兵上首次对公众展示。它标志着俄罗斯坦克设计的新纪元。这款坦克融合了多项前沿技术，体现了俄罗斯装甲力量的重要进步。

T-14"阿玛塔"主战坦克最为显著的特点是无人炮塔，三名操作员都在车体的一个专门的装甲舱内。其主要武器是1门125毫米滑膛炮、1挺7.62毫米同轴机枪以及1挺12.7毫米高射机枪。

俄罗斯T-14"阿玛塔"主战坦克

英国 FV510 履带式步兵战车

FV510 履带式步兵战车，也被称为武士战车，是英国军工企业研制的一款先进装甲战车。从 1986 年开始在英国陆军服役，在参加海湾战争、伊拉克战争及科索沃、波斯尼亚等地的维和任务中，表现均十分优异。

目前，FV510 履带式步兵战车是英国陆军的主力步兵战车。

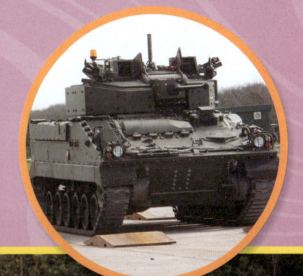

　　"美洲狮"履带式步兵战车是一款由德国莱茵金属公司研制的装甲战车。2015年后，正式列装德国陆军。

　　"美洲狮"履带式步兵战车搭载了1门30毫米口径的自动火炮，能够发射高爆弹和穿甲弹，对敌方目标具有很强的杀伤力。此外，战车还装备了1挺5.56毫米口径的同轴机枪和1挺7.62毫米口径的遥控机枪，用于对付敌方步兵和轻型装甲目标。该步兵战车还可以携带反坦克导弹，实施远程打击。同时，该步兵战车还具备快速部署和机动性强的特点，适用于各种作战环境和任务需求。

　　"美洲狮"履带式步兵战车在实际战斗中表现出色，目前已经成为德国陆军的主力战车。

德国"美洲狮"履带式步兵战车

法国 VBCI 轮式步兵战车

VBCI 轮式步兵战车是法国地面武器工业集团和雷诺公司共同研制的一款装甲战车。

VBCI 轮式步兵战车采用 8x8 轮式底盘，机动性好，战场可部署能力强，可空运、海运、铁路运输以及公路运输。炮塔上的主要武器为 1 门 M811 型 25 毫米口径的机关炮，发射速度可达每分钟 400 发；辅助武器是 1 挺 7.62 毫米口径的机枪，位于 25 毫米机关炮的右侧。其火控系统的总体性能十分接近当代主战坦克火控系统的水平。

VN-17 重型履带式步兵战车是中国北方工业有限公司 2017 年推出的重型履带式步兵战车。此步兵战车是一款外贸产品，于 2017 年中国北方工业有限公司的装甲开放日上首次亮相。

VN-17 重型履带式步兵战车搭载了一台大功率柴油发动机，使其能够在各种地形和复杂环境中自由行动。

中国 VN-17 重型履带式步兵战车

ZBL-09 轮式步兵战车是中国北方工业有限公司研发的一款现代化装甲战车。它首次公开亮相是在 2009 年的中国国庆阅兵中。

ZBL-09 轮式步兵战车采用轮式底盘，具有出色的机动性能和高速行驶能力。同时，它搭载了一台大功率的柴油发动机，使其能够在各种地形和复杂环境中灵活机动。

中国 ZBL-09 轮式步兵战车

1981 年，M2 "布雷德利" 履带式步兵战车正式投产。其独有的 M242 型 25 毫米口径链式机关炮每分钟可以向目标倾泻出 200 发炮弹。而位于主炮右侧的辅助武器，则是 1 挺 M240C 型 7.62 毫米口径的机枪。

它搭载有两具 "陶" 式反坦克导弹发射器，所发射导弹可以准确攻击 3750 米距离上的敌方装甲目标。

美国M2 "布雷德利" 履带式步兵战车

俄罗斯 T-15 重型履带式步兵战车

T-15 重型履带式步兵战车是俄罗斯乌拉尔车辆厂以 T-14 "阿玛塔" 主战坦克底盘为基础，搭配已装备 "库尔干人" -25 履带式步兵战车的无人炮塔，研制出的一款全新重型步兵战车。

T-15 重型履带式步兵战车采用了坚固耐用的履带底盘，并搭载了大功率的柴油发动机。此外，它还采用了复合装甲材料和爆炸反应装甲，能够有效抵御来自敌方的火力攻击。

2015 年，T-15 重型履带式步兵战车在莫斯科胜利日阅兵仪式上正式亮相。

49

俄罗斯"库尔干人"-25 履带式步兵战车

"库尔干人"-25 履带式步兵战车是俄罗斯库尔干机械制造厂研制的一款重型履带式装甲战车。

此步兵战车是"库尔干人"系列战车的最新型号。它采用了坚固耐用的履带式底盘，使其在各种地形和复杂环境下都能保持稳定和灵活的机动性能。

"库尔干人"-25 履带式步兵战车搭载了 1 门 30 毫米口径的自动火炮、1 挺 7.62 毫米口径的同轴机枪以及 1 挺 12.7 毫米口径的遥控机枪，用于对付敌方步兵和轻型装甲目标。

此战车还可以携带反坦克导弹，以实施远距离攻击。

第四章
军用飞机

欧洲 "台风" 战斗机

  "台风" 战斗机是一款由英国、德国、意大利和西班牙合作研发的先进战斗机。作为一款多用途战斗机，"台风" 战斗机不仅具有出色的机动性和超声速飞行能力，还具备空对空和空对地打击能力。它可以携带各种导弹和炸弹，实施精确打击，从而胜任各种作战任务。

  自 2003 年开始列装英国皇家空军以来，"台风" 战斗机已经在多个国家和地区得到了使用。在实战中，"台风" 战斗机也展现出了其卓越的性能和可靠性，成为重要的空中战斗和支援力量。

法国"阵风"战斗机

　　"阵风"战斗机是法国达索飞机制造公司研制的一款多用途战斗机。"阵风"战斗机具有流线型外观，给人一种强大且精致的感觉。它采用了复合材料和隐身涂层，以减小雷达截面并提高隐身性能。这使得"阵风"战斗机在空中具备了极高的隐蔽性和低可探测性。"阵风"战斗机不仅可以在超声速飞行时保持稳定，还可以进行高度机动的空中战斗。此外，"阵风"战斗机还具备多模式作战能力，可以适应不同的作战环境和任务需求。

　　"阵风"战斗机于 2001 年开始列装法国空军和法国海军航空兵。

俄罗斯苏-35战斗机

苏-35战斗机是俄罗斯苏霍伊航空集团研制的一款第四代多用途战斗机的改进型号。它是在苏-27战斗机的基础上研制的单座双发战斗机。

苏-35战斗机搭载了两台推力矢量发动机，从而使其在空中拥有了极高的机动性和敏捷性，可以进行高度机动的空中战斗。

苏-35战斗机已经在俄罗斯空军中得到了广泛采用，多次参与过国际合作和交流活动，展现了卓越的性能和可靠性。

俄罗斯苏-57战斗机

　　苏-57战斗机是一款由俄罗斯苏霍伊航空集团研制的第五代隐身多用途战斗机。它在2010年首飞，并于2021年开始列装俄罗斯空军。

　　苏-57战斗机采用了隐身设计和先进的武器系统，并具有出色的速度、机动性和作战半径，适合执行远程打击和战斗任务。此外，该机还具有较好的适应性和可靠性，可在各种环境条件下执行任务。

中国歼 -10 战斗机

歼 -10 战斗机是中国航空工业集团有限公司研发和制造的一款多用途战斗机。它从 2003 年开始服役，是中国人民解放军空军的主力战斗机之一。

歼 -10 战斗机具有良好的速度和机动性，不仅可以执行空战任务，还可以执行电子战和侦察任务。其装备有先进的雷达系统，可以在复杂的战场环境中执行精确的打击任务。

中国歼-20战斗机

歼-20战斗机是中国航空工业集团有限公司研发和制造的一款第五代隐身战斗机。

歼-20战斗机采用先进的隐身技术，可降低被敌方雷达和红外探测系统探测到的可能性。

歼-20战斗机于2016年11月1日首次公开亮相在第十一届中国国际航空航天博览会，并于2018年正式列装中国人民解放军空军，是中国人民解放军空军的主力战斗机之一。

美国 F-15 战斗机

F-15 战斗机是美国空军在 20 世纪 70 年代装备的一款超声速喷气式重型战斗机，也是世界上第一款成熟的第三代多用途战斗机。F-15 战斗机装有两台涡扇发动机，发动机推重比可以达到 8 左右。

在飞行控制系统方面，F-15 战斗机采用了先进的线控飞行系统，可以通过给机载计算机下达指令操控飞行。

美国 F-16 战斗机

　　F-16 战斗机是一款由美国通用动力公司研发和制造的多用途战斗机。它能携带多种武器，包括空空导弹、空地导弹、炸弹以及机炮。

　　F-16 战斗机配备了先进的雷达和导航系统，可以在复杂的战场环境中执行精确打击任务。此外，它还可以执行空中侦察和电子战任务。

　　F-16 战斗机从 1978 年开始服役，目前是美国空军和多个国家空军的主力战斗机。它具有出色的加速和爬升能力，可以进行高机动空战。它还具有较短的起降距离和较好的低空飞行性能，适合在各种环境中执行任务。此外，它还装备了电子战系统，可以在敌方防空系统的威胁下执行任务。

　　F/A-18 战斗机是一款由美国波音公司研发和制造的多用途战斗机。

　　F/A-18 战斗机从 1978 年开始服役，是美国海军的主力战斗机之一。它参与过多场战争和军事行动，包括海湾战争、科索沃战争、伊拉克战争以及阿富汗战争等。

　　F/A-18 战斗机以其全天候、多用途和可靠性而闻名。它既可以执行空中任务，又可以执行地面攻击任务。由于它具有较短的起降距离和较好的机动性能，是一款十分优秀的舰载战斗机。

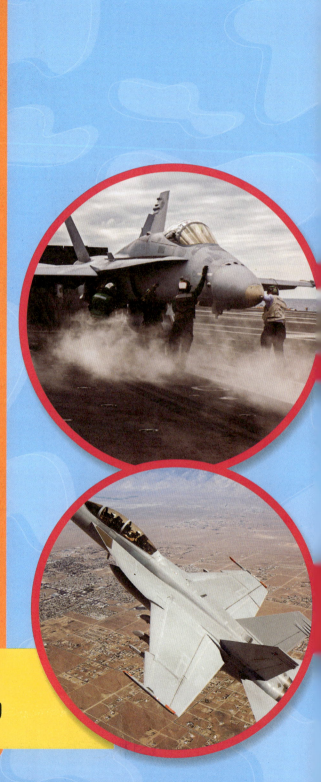

美国 F/A-18 战斗机

美国 F-22 战斗机

  F-22 战斗机又叫"猛禽"战斗机，作为世界上第一款服役的第五代超声速战斗机，它具有超声速巡航、超机动、优越的隐身性以及超强的可维护性四大特点。

  F-22 战斗机采用先进的材料和技术，具有低雷达可探测性和优秀的机动性，采用双发设计，两台推重比达到 10 的强力发动机可以让其在不开加力的情况下，进行 30 分钟以上的超声速飞行。

  F-22 战斗机于 1997 年首次亮相，并于 2005 年开始服役。F-22 战斗机曾参与过多次实战行动，展示了其卓越的性能和作战能力。然而，由于高昂的成本和生产问题，F-22 战斗机在 2011 年暂停生产。尽管如此，其目前仍然是美国空军最先进的战斗机之一。

F-35 战斗机属于第五代战斗机，它具备高超的隐身设计、先进的电子系统以及一定的超声速巡航能力。

由于美国军方对 F-35 战斗机的技术要求不高，故其最高飞行速度仅为马赫数1.6，超声速巡航能力不强，与其他战斗机相比最具优势的还是其强大的隐身能力。

美国 F-35 战斗机

F-35 战斗机的隐身能力配合被动电子探测系统，使其在空战中能够隐蔽接敌，并能够在雷达不开机的前提下发射空空导弹，击落对方战斗机，进而取得空战的胜利。

虽然 F-35 战斗机的研制属于多国合作项目，但还是以美国军方为主导。

俄罗斯图-160 轰炸机

图-160 轰炸机是苏联空军在 20 世纪 80 年代装备的一款超声速远程战略轰炸机。图-160 轰炸机是世界上最重的轰炸机，它 54.1 米的机长和 13.1 米的机高都保持着当今的世界纪录。然而，令人感到惊奇的是，体积如此庞大的图-160 轰炸机在平飞时的最大飞行速度居然可以达到 2370 千米 / 小时，比大多数第三代战斗机飞得都快。

图-160 轰炸机的攻击方式多样灵活。它可以携带多种导弹、炸弹以及巡航导弹，具备远程打击能力。该轰炸机配备了先进的雷达和电子战系统，能够有效地规避敌方防空系统的探测和攻击。

作为美国历史上最成功的战略轰炸机，B-52轰炸机最大的优势就在于其庞大的机体和恐怖的载弹量。

以 B-52H 型轰炸机为例，其最大起飞重量可达 220 吨，携带的弹药可达 30 吨，是其他飞机的数倍。为了确保良好的飞行性能，它装有 8 台动力强劲的涡扇发动机，而正是它们让 B-52 成为世界上飞得最快的亚声速轰炸机之一。

美国 B-52 轰炸机

美国 B-1B 轰炸机

B-1B 轰炸机是由美国北美航空公司（后与美国罗克韦尔自动化公司合并，又被美国波音公司收购）研制的一款战略轰炸机。它从 1986 年开始服役，是美国空军的主力战略轰炸机之一。

B-1B 轰炸机不仅可以在全球范围内执行长程打击任务，还可以携带常规炸弹、巡航导弹、反舰导弹以及核弹。除此之外，它还具有较强的隐身能力和防御系统，可以在敌方防空系统的威胁下执行任务。

　　B-2隐身轰炸机是第一款拥有"全球到达和全球摧毁"能力的战机。B-2隐身轰炸机的雷达截面只有0.1平方米，和一只飞鸟的大小相当。另外，其机身涂有的特殊材料，可以降低雷达波的反射和飞机的热辐射。正是在这些隐身技术的共同作用下，B-2隐身轰炸机成了难以捕捉的"空中幽灵"。

美国 B-2 隐身轰炸机

　　除了隐身性能之外，B-2隐身轰炸机12200千米的超远航程和22.6吨的超大载弹量也同样算得上出色。

　　B-2隐身轰炸机参加过阿富汗战争和伊拉克战争，但从未被对方侦测到它的踪迹。

俄罗斯伊尔-76 运输机

伊尔-76运输机是由苏联伊尔库茨克航空工业联合体研发和制造的一种大型军用运输机。它从1974年开始服役，是目前世界上使用最广泛的军用运输机之一。

伊尔-76运输机一次性可以装载多达126名士兵和60吨货物。它的最大起飞重量可达210吨，最大航程可达5000千米。

伊尔-76运输机可以在不同的地形和气候条件下执行任务，包括高原、沙漠以及极地地区等。它可以快速投送士兵和物资到战区，并执行紧急撤离任务。此外，伊尔-76还可以执行空中加油、电子侦察以及人道主义援助等任务。

中国运-20运输机

运-20运输机是我国自主研发的一种大型战略运输机，由中国航空工业集团有限公司研制。2013年首飞后，2016年正式列装中国人民解放军。

运-20运输机不仅可以运输大量的人员、装备以及物资，包括坦克、大型车辆以及军事设备，还可以执行空中加油、医疗救援以及人道主义援助等任务。此外，它可以在不同的地形和气候条件下执行任务，环境适应性强。

美国 C-130 运输机

C-130 运输机又叫"大力神"运输机，它是美国军方使用时间最长、生产数量最多的现役运输机。

C-130 运输机能运载美军大多数火炮、装甲车以及坦克，可以在简易机场起降，还能在一台发动机停止工作的情况下，继续正常飞行。

C-130 运输机以其卓越的性能一直稳坐军用运输机市场的头把交椅，全世界已有 70 多个国家和地区在使用。

武直-10武装直升机是我国自主研制的一款先进武装直升机，由中国航空工业集团公司研发和制造。2003年首飞后，2009年正式列装中国人民解放军。

武直-10武装直升机可以使用30毫米机炮、导弹以及火箭弹，对地面目标进行打击。此外，武直-10武装直升机还具备空中战斗能力，可以执行空中拦截和对抗其他飞行器的任务。

中国武直-10武装直升机

俄罗斯卡-52武装直升机

卡-52武装直升机是一款多用途武装直升机,由俄罗斯直升机公司研发和制造。1997年首飞之后,很快便成为俄罗斯军队的主力武装直升机。

卡-52武装直升机配备了30毫米机炮和导弹发射器,可以携带多种导弹和火箭弹。它采用了双座设计,具备较强的机动性和操纵性。

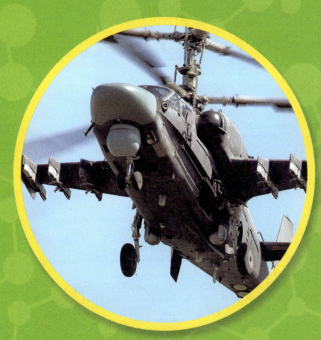

71

美国 AH-64 武装直升机

AH-64 武装直升机又叫"阿帕奇"武装直升机，它是美国陆军在 20 世纪 80 年代装备的第二代武装直升机。它可以无视恶劣环境和昼夜差别，随时执行攻击任务。

AH-64 武装直升机驾驶舱附近的装甲足以抵挡 23 毫米机炮的打击，主旋翼也可以承受 12.7 毫米机枪的扫射，机头下方的 30 毫米机炮和机翼下的 19 管 70 毫米火箭发射器，可以击穿大多数主战坦克的顶部装甲。

美国 CH-47 运输直升机

CH-47运输直升机也被称为"支奴干"运输直升机，由美国波音公司研制，并于1961年首次飞行，而后迅速成为美国军队以及其他国家和地区军队的主力运输和战斗支援直升机。CH-47 运输直升机采用了双旋翼设计，使得其具备较好的稳定性和操纵性，能够在各种复杂条件下执行任务。

73

美国 U-2 侦察机

U-2 侦察机是一种高空侦察机，由美国洛克希德·马丁公司研发和制造。它于 1955 年首次飞行，被广泛用于执行高空侦察和情报收集任务，为美军提供了重要的情报支持。

U-2 侦察机具备较高的飞行高度和速度，能够在超过 20000 米的高空中，以每小时 900 千米的速度飞行，这使得它能够避开大部分地面防空武器的威胁，执行敌后侦察任务。

美国 RQ-4 "全球鹰" 无人侦察机

RQ-4 "全球鹰" 无人侦察机是美国诺斯罗普·格鲁曼公司研制的一款远程无人侦察机。它可以为地面部队提供高精度、大范围的侦察监视图像。其白天监视区域可超过 10 万平方千米。

RQ-4 "全球鹰" 无人侦察机的定点侦察照片分辨率可以精确到 0.3 米。并且，它完全不受天气影响，可以在各种天气条件下持续监视运动中的目标。

75

E-3预警机是由美国波音公司研制的，1975年试飞，1977年装备部队。

E-3预警机集指挥、控制、情报、通信功能于一身。它不仅具有对空中、地面以及水面的雷达监视能力，还能同一时间扫描600个空中目标，跟踪其中的250个，并提供信息引导其他军用飞机对其中15个目标进行拦截。

美国 E-3 预警机

第五章
军用舰艇

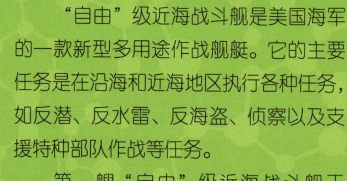

"自由"级近海战斗舰是美国海军的一款新型多用途作战舰艇。它的主要任务是在沿海和近海地区执行各种任务，如反潜、反水雷、反海盗、侦察以及支援特种部队作战等任务。

第一艘"自由"级近海战斗舰于2008年服役。目前，美国海军已经建造和部署了多艘该型舰艇。

美国"自由"级 近海战斗舰

美国"阿利·伯克"级驱逐舰

　　"阿利·伯克"级驱逐舰有着 9200 吨的满载排水量、32 节的航速以及隐身设计，加上"宙斯盾"护体、"战斧"巡航导弹以及"鱼叉"反舰导弹防身，曾被美军前海军作战部长称为世界上最好的军舰。

　　2003 年爆发的伊拉克战争中，12 艘"阿利·伯克"级驱逐舰先后发射了65 枚"战斧"巡航导弹，给当时的伊拉克军队带来了巨大的震撼。

中国 052D 型驱逐舰

　　052D 型驱逐舰是中国海军的第一款全面采用垂直发射系统的驱逐舰。其垂直发射系统能够发射多种导弹，包括对海、对空以及对陆导弹；火炮系统则能够对敌方舰艇和陆地目标进行有效打击。

　　第一艘 052D 型驱逐舰于 2014 年服役，目前已有十多艘服役。

中国 055 型驱逐舰

　　055 型驱逐舰是中国人民解放军海军的一款新型主力舰艇。它具备强大的作战和防御能力，能够在复杂的作战环境中执行多种任务；具备较高的机动性和灵活性，能够快速响应作战指令并适应不同的作战需求。此外，它还具备较高的信息化水平，能够实现与其他舰艇的联合作战。

　　第一艘 055 型驱逐舰于 2018 年服役，目前已有多艘服役或在建造中。未来，这些驱逐舰会在我国海军的海上安全和防御任务中，维护我国海洋利益和战略地位方面发挥重要作用。

"朱姆沃尔特"级驱逐舰是美国海军的一种重型驱逐舰。该级驱逐舰于 2008 年开始建造，目前共有三艘服役，是美国海军的主力舰艇之一。

"朱姆沃尔特"级驱逐舰采用了先进的动力系统，具备较高的航速和航程，能够在远洋作战中保持长时间的持续作战能力。配备有先进的雷达系统、导弹防御系统以及电子战系统。此外，它还能够搭载多架直升机进行侦察、反潜以及打击任务。

美国"朱姆沃尔特"级驱逐舰

日本"出云"级直升机驱逐舰

"出云"级直升机驱逐舰是日本海上自卫队的一种重型直升机驱逐舰。该级驱逐舰于2013年开始建造，目前共有两艘服役。这些驱逐舰配备了多架直升机，包括反潜直升机和多用途直升机等，能够进行远程侦察、反潜以及打击任务，是日本海上自卫队的重要作战力量之一。

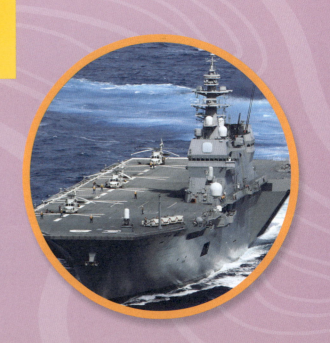

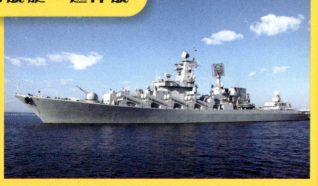

1164 型巡洋舰也被称为"光荣"级巡洋舰，是俄罗斯海军的主力舰艇。该型巡洋舰于 1976 年开始建造，目前共有 3 艘服役。其中，首舰"莫斯科"号已于 2022 年 4 月 14 日爆炸沉没。

此型巡洋舰具备强大的火力，能够在远距离对敌方目标进行打击。其次，还具备较高的防御能力，能够抵御敌方导弹和火炮攻击。此外，还具备较高的机动性和灵活性，能够在复杂的海上环境中进行作战行动，是俄罗斯海军的重要作战力量之一。

俄罗斯 1164 型巡洋舰

"美国"级两栖攻击舰是美国海军的两栖舰艇，此舰种的设计目的是为了支援海上登陆作战和提供多种作战能力，包括舰载直升机和舰载登陆艇的运输和支援。

"美国"级两栖攻击舰具有较大的排水量和舰员容量，可以装载大量的兵力和装备，包括海军陆战队的士兵、坦克、装甲车和直升机等。

第一艘"美国"级两栖攻击舰是在 1998 年服役，目前共有 11 艘服役。

美国"美国"级两栖攻击舰

"戴高乐"号航空母舰是法国海军的核动力航空母舰，也是目前世界上唯一一艘非美国海军隶属下的核动力航空母舰。"戴高乐"号航空母舰于2001年服役，其命名源自于法国著名的军事将领、政治家夏尔·戴高乐。

法国"戴高乐"号核动力航空母舰

"戴高乐"号航空母舰采用核动力推进系统，具备长航程和较高的航速，可在不受油料限制的情况下进行长时间的航行。其飞行甲板采用了弹射起飞系统和拦阻索系统来起降舰载机。

中国 001 型航空母舰

　　001 型航空母舰是我国的第一艘航空母舰。它于 2012 年正式加入海军服役，被正式命名为辽宁舰，成为中国海上力量的重要组成部分。它采用常规动力推进系统，具备较高的航速和航程。其飞行甲板采用了滑跃起飞系统和拦阻索系统来起降舰载机。

　　001 型航空母舰的服役标志着中国海军具备了远洋作战的能力，极大提升了中国海军的海上实力和战略影响力。此外，辽宁舰的建造经验为中国后续航空母舰的研发和建造提供了重要的基础。

　　自 001 型航空母舰服役以来，中国海军积累了很多宝贵的航空母舰训练和作战经验，逐步提升了航空母舰的作战能力和技术水平。

美国 "尼米兹" 级核动力航空母舰

　　"尼米兹" 级核动力航空母舰的首舰就是 "尼米兹" 号，1972 年交付美军使用，随后几十年，美军共建造了 10 艘 "尼米兹" 级核动力航空母舰。它的飞行甲板相当于 3 个标准足球场或 55 个篮球场，可以停放几十架战机。

　　"尼米兹" 级核动力航空母舰拥有两个核反应堆，能让航母连续航行 25 年，而不用补充燃料。"尼米兹" 级核动力航空母舰载有近百架战机，可以控制1000 平方千米内的空域和海域。

美国"福特"级核动力航空母舰

　　"福特"级核动力航空母舰是美国海军最新一代航空母舰，以美国第38任总统杰拉尔德·福特的名字命名。它采用核动力推进系统，能够提供持续的高速航行能力和几乎无限的续航力。同时，其飞行甲板采用了新型电磁弹射系统和电磁拦阻系统，能够更高效地起降舰载机。

　　首艘"福特"级航空母舰"杰拉尔德·福特"号于2017年正式服役。目前，美国海军正在建造更多的"福特"级核动力航空母舰。

中国 094 型战略核潜艇

　　094 型战略核潜艇是我国海军的一款战略核潜艇。它采用核动力推进系统，能够长时间在水下航行。

　　094 型战略核潜艇配备了 12 个发射管，可以装载多枚弹道导弹，且可以携带核弹头，具备远距离和高精度打击能力。此外，潜艇还配备了鱼雷和反舰导弹等其他武器系统，能够对敌方水面舰艇进行攻击。

美国"俄亥俄"级战略核潜艇

　　"俄亥俄"级核潜艇是美国海军的一级战略导弹核潜艇，其所携带的核弹头数量几乎占美国拥有核弹头总数的一半。同时，该艇还是世界上装载弹道导弹数量最多的战略核潜艇。艇上的 24 枚"三叉戟"洲际弹道导弹的射程达 1.1 万千米，采用的分导式弹头可在半小时内摧毁 100 多座大中型城市。

　　"俄亥俄"级核潜艇水下航行的最低噪声仅为 90 分贝，静音性能非常优秀。

955 型战略核潜艇，也被称为"北风之神"级核潜艇，是俄罗斯海军最新一代的战略核潜艇。它采用核动力推进系统，具备长时间在水下航行的能力。同时，它的低噪声特征能够使其在敌方反潜作战系统的监测下保持高度隐蔽性。

955 型战略核潜艇于 2013 年开始服役，是俄罗斯为维护国家核威慑力量而研发的重要战略武器系统之一。

俄罗斯 955 型 战略核潜艇

第六章

导弹

此导弹是一种具有高精度和强大打击能力的战术导弹，它的射程可达 500 千米以上，具备对地面目标和敌方基地的精确打击能力。其导弹发射车具有高机动性和隐蔽性，能够在不同地形条件下进行快速部署，在敌方发动突袭时迅速应对。

此外，"伊斯坎德尔"战术导弹还具备较强的抗干扰能力，能够有效地对抗敌方反导系统的干扰。该导弹 2006 年开始在俄罗斯军队服役。

俄罗斯"伊斯坎德尔"战术导弹

　　"爱国者"防空导弹是美国雷声公司制造的中程地对空导弹系统。这个武器系统在海湾战争后广为人知，成为美军的代表性武器之一。

　　1991年海湾战争爆发，"爱国者"防空导弹承担了拦截伊拉克发射的"飞毛腿"导弹的任务。据统计，战争期间，有80%的"飞毛腿"导弹被其成功拦截。

美国"爱国者"防空导弹

东风-17弹道导弹是我国自主研发的一款具有高超声速能力的中短程常规弹道导弹。它具备快速反应和高机动性，能够在不同气候条件和地形条件下进行快速部署，对敌方军事设施、军事基地、大型水面舰艇等重要目标保持强大的威慑力。

东风-17弹道导弹的射程最远可达2500千米，飞行速度最快可达12000多千米/小时。东风-17弹道导弹从2019年开始服役，是我国维护国家安全的利器。

中国东风-17弹道导弹

俄罗斯 RS-28 洲际弹道导弹

RS-28 洲际弹道导弹又称"萨尔马特"洲际弹道导弹，是俄罗斯军方最新研发的战略武器系统之一。它采用了液体燃料发动机和多级火箭技术，射程最远可达 16000 千米，投掷重量接近 9 吨，具备对全球范围内目标的精确打击能力。此弹道导弹从 2022 年开始服役，是俄罗斯战略核威慑力量的最新成员。

"民兵"-3 洲际弹道导弹是美国装备的一款第三代陆基洲际弹道导弹。它的动力装置为三级固体火箭发动机，并可携带 3 枚分导式核弹头，射程超过 1.2 万千米，能够覆盖全球范围内的目标。

"民兵"-3 洲际弹道导弹从 1970 年开始装备美军，1975 年完成部署，1978 年结束生产，并在 1998 年开始陆续对该型导弹进行翻新、改造。截至目前，它是美国列装的唯一陆基洲际弹道导弹。

美国"民兵"-3 洲际弹道导弹

中国东风 –41 洲际弹道导弹

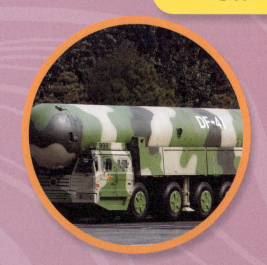

东风 –41 洲际弹道导弹是我国自主研发的一款重型战略导弹。该导弹在 2019 年国庆阅兵活动上首次公开亮相。

东风 –41 洲际弹道导弹是世界上在现役洲际弹道导弹中速度最快的导弹之一，速度最高可达 3 万多千米 / 小时，射程最远可达 1.5 万千米。此外，它采用固体燃料发动机，最多可携带 10 枚分导式核弹头，可在公路、铁路上快速移动，或隐藏在山洞、地下防核设施等地方，是我国战略核威慑力量的重要组成部分。

图书在版编目（CIP）数据

童眼识天下 ：金装典藏版 . 超级武器 / 韩雪编 . 一北京 ：机械工业出版社，2023.12
ISBN 978-7-111-74424-5

I. ①童… II. ①韩… III. ①科学知识—儿童读物②武器—儿童读物 IV. ① Z228.1 ② E92-49

中国国家版本馆 CIP 数据核字（2023）第 239002 号

机械工业出版社（北京市百万庄大街 22 号　邮政编码：100037）
策划编辑：王雷鸣　　　　　　　责任编辑：王雷鸣
责任校对：郑 雪 张 薇　　　　责任印制：张 博
北京华联印刷有限公司印刷

2024 年 2 月第 1 版第 1 次印刷　　215mm×225mm·5 印张·78 千字
标准书号：ISBN 978-7-111-74424-5　　定价：35.00 元

电话服务　　　　　　　　　　　　网络服务
客服电话：010-88361066　　　　机 工 官 网：www.cmpbook.com
　　　　　010-88379833　　　　机 工 官 博：weibo.com/cmp1952
　　　　　010-68326294　　　　金 书 网：www.golden-book.com
封底无防伪标均为盗版　　　　机工教育服务网：www.cmpedu.com